AF613688

PROCÈS-VERBAL

DE LA SÉANCE PUBLIQUE

DU 22 OCTOBRE 1821.

SOCIÉTÉ D'AGRICULTURE, DU COMMERCE ET DES ARTS DE CALAIS.

PROCÈS-VERBAL

DE LA SÉANCE PUBLIQUE

DU 22 OCTOBRE 1821.

CALAIS.
LE ROY FILS, IMPRIMEUR-LIBRAIRE,
RUE DES BOUCHERIES.

1821.

SOCIÉTÉ D'AGRICULTURE, DU COMMERCE ET DES ARTS DE CALAIS.

PROCÈS-VERBAL

DE LA SÉANCE PUBLIQUE

DU 22 OCTOBRE 1821.

La Société s'est réunie dans la salle basse de la mairie, qui avait été disposée à cet effet par les soins de M. le Maire.

Une foule de personnes les plus distinguées, tant dans le civil que dans le militaire, et plusieurs dames françaises et anglaises composaient l'assemblée.

A onze heures du matin, M. le Sous-Préfet est entré au son de la musique du 2e régiment d'infanterie de ligne, que le chef de ce corps avait bien voulu accorder à la Société.

Il est conduit au fauteuil par M. le Président

titulaire de la Société, et il est accompagné par M. le Maire, qui prend place au bureau.

M. le Sous-Préfet ouvre la séance par un discours qu'il termine en ces mots :

« Je me félicite beaucoup, Messieurs, que la » ville de Calais, qui compte plus de citoyens dis- » tingués que nombre d'autres villes d'une plus » grande population, ait obtenu, par une excep- » tion aussi honorable que méritée, l'avantage » d'être autorisée à établir une Société d'agricul- » ture, du commerce et des arts, qui rivalise avec » les Sociétés plus anciennement établies. Le nombre » des membres de cette Société n'est cependant pas » en proportion de celui des citoyens de Calais » qui, par leur position sociale, leur mérite et » leur amour du bien public, sont appelés à en » faire partie. Ce n'est pas ici le lieu d'en recher- » cher ni d'en expliquer la cause : je me borne, » Messieurs, à exprimer le vœu bien sincère que » cette cause cesse, que la Société voie se réunir » à elle des hommes estimables qui, en communi- » quant avec ses membres actuels, apprécieront » leur caractère et leurs vertus privées, en faisant, » comme il faut la faire pour tous les hommes, la » part de la faible humanité, et que tous les Calai- » siens se confondent dans leurs sentimens d'amour » pour le Roi et pour l'auguste Famille des Bour- » bons.

» Ainsi le veut, Messieurs, le Monarque chéri » qui nous a donné des institutions auxquelles tous

» les Français sont attachés, dans tel sens qu'ils les
» expliquent. La confraternité entre tous ses enfans
» est le vœu de son cœur : accomplissez-le. Vous
» êtes les premiers auxquels Sa Majesté a fait en-
» tendre les accens de sa voix paternelle; et les
» généreux citoyens de la ville qui s'honore, à si
» juste titre, d'avoir été pure dans la révolution, ne
» doivent pas être les derniers à y obéir. Vive le
» Roi! vivent les Bourbons!

Des applaudissemens universels ont couvert ce discours, et les mots de vive le Roi! vivent les Bourbons! ont été répétés avec enthousiasme par toute l'assemblée.

M. Jacques, président titulaire, a lu ensuite un discours sur la manière d'écrire l'histoire en général et celle du Calaisis en particulier.

M. Tétut, secrétaire, obtient la parole pour le rapport des travaux de la Société pendant l'année qui vient de s'écouler, et s'exprime en ces termes :

Messieurs,

Dans la séance publique du 19 octobre de l'année dernière, j'ai eu l'honneur de vous présenter l'analyse des travaux de la Société depuis sa réorganisation.

L'établissement de la découverte au-dessus de la porte du Hâvre et la construction du bâteau de sauvetage ont été les premiers résultats du zèle de cette Société. Différens mémoires sur les parties les plus intéressantes de l'agriculture ; des essais heureux, entrepris par plusieurs de ses membres, et des projets d'amélioration proposés pour différentes parties de l'économie politique, ont annoncé dès lors les avantages qui peuvent résulter pour le pays du concours des lumières d'hommes instruits et désintéressés qui dévouent leur vie au bien public.

Le compte que je suis chargé de vous rendre cette année, sans présenter des résultats aussi positifs, ne sera pas néanmoins sans intérêt, et vous convaincra, j'ose le croire, que la Société marche toujours avec la même ardeur et le même succès vers le but qu'elle s'est proposé.

Les encouragemens qu'elle a reçus du gouvernement, la protection particulière que lui accordent M. le Préfet et M. le Sous-Préfet, qui veut bien aujourd'hui présider à ses travaux ; la part que ce digne magistrat y a prise personnellement dans le cours de cette année ; enfin, les attentions obligeantes de M. le Maire, dans toutes les circonstances où il peut être utile à la Société en soutenant ses efforts, en garantissent la durée, et sont du plus heureux présage pour l'avenir.

Je diviserai mon travail en trois parties principales : l'agriculture, le commerce et les arts.

PREMIÈRE PARTIE.

Agriculture.

La Société s'est occupée, dans le cours de cette année, des moyens d'introduire la culture du maïs dans la canton. Plusieurs essais ont été faits et ont parfaitement réussi, surtout dans les sables défrichés par M. Mouron-Audibert, et sur les propriétés de M. T. Souville, qui le premier a semé la graine de ce blé exotique dans ce canton; de sorte que l'on a lieu d'espérer que le pays s'enrichira bientôt de cette précieuse céréale.

M. le Sous-Préfet a fait à la Société l'envoi d'une espèce particulière de blé de Russie, et il a accompagné cet envoi d'une instruction sur les qualités et la culture de cette plante. La Société s'est empressée de distribuer les graines à MM. Mouron-Audibert, T. Souville et Pàris. Ce dernier a remis à la Société plusieurs épis de ce blé, recueillis sur ses terres, et qui promettent à l'agriculture du pays des produits d'autant plus satisfaisants, que cette plante a parfaitement réussi malgré la rigueur du dernier été.

La Société a également distribué aux agriculteurs les plus industrieux du pays les 375 espèces de graines de végétaux inconnus dans le département, dont l'envoi lui a été fait par S. Exc. le Ministre de l'intérieur, par l'intermédiaire de M. le Maire. Cet envoi était accompagné d'une circulaire de M. Thouin, professeur de culture et membre de l'Institut, contenant des instructions sur la culture de ces différens végétaux.

Le maïs de Pensylvanie, qui n'est pas encore récolté, donne les plus belles espérances, quoiqu'il ait été semé sur un terrain de sable pur. Sa végétation a été triple de celle du maïs ordinaire ; et ses produits, qu'on ne peut pas encore apprécier, paraissent devoir être dans la même proportion. Quant aux autres plantes, la Société n'a pas encore reçu de renseignemens de la part des cultivateurs auxquels elles ont été confiées ; mais le zèle bien connu de ces cultivateurs est un sûr garant qu'ils n'ont rien négligé pour obtenir tout le succès que l'on peut attendre de leur habilité et de leur expérience.

M. François Lefebve, propriétaire-cultivateur à Coulogne, membre correspondant de la Société, a le premier introduit dans le canton de Calais une espèce de betterave connue sous le nom de racine d'abondance.

Il a développé dans un mémoire très-détaillé les avantages de la culture de cette plante, qui fournit en toute saison une nourriture abondante et saine aux bestiaux, l'été par ses feuilles et l'hiver par ses racines ; qui, de plus, est facile à cultiver, et réussit dans tous les terrains.

M. Lefebve a cultivé cette plante en grand cette année, pour la première fois, sur ses propriétés à Coulogne. Il évalue le nombre de racines que peut produire un arpent de terre à 7400, dont le poids s'élève quelquefois jusqu'à 15 ou 18 livres par racine. Il a promis à la Société de lui faire connaître dans le courant de l'année prochaine le produit exact de sa récolte.

Il a aussi fait des essais sur ses propriétés pour la destruction des taupes et des mulots. L'on sait combien ces animaux destructeurs occasionnent de dommages à la campagne. Ils font la désolation du laboureur, et bouleversent souvent des prairies tout entières. Les instrumens connus sous le nom de taupières ou chausse-trapes sont jusqu'à présent le seul moyen qu'on ait employé dans ce pays pour s'en préserver; mais l'insuffisance de cette méthode est généralement sentie.

M. Lefebvre s'est mis en relation avec le sieur Lecourt, taupier du département de Seine et Oise; lequel a offert de venir faire un cours expérimental de la destruction des taupes, sur les lieux mêmes, et d'y former des élèves, si l'on pouvait lui assurer seulement une somme de six cents francs, pour les frais de son déplacement et d'un mois de séjour. La souscription a été ouverte dans le sein de la Société à raison de vingt-cinq francs par personne; mais elle n'a pu être remplie pour l'époque que M. Lecourt avait fixée, et le pays a encore été privé cette année d'une instruction si précieuse pour les cultivateurs, et qu'on pouvait leur procurer à si bon marché.

M. Lecourt donne tous les ans plusieurs leçons expérimentales dans le département de Seine et Oise, et l'on sait de bonne part que le conseil-général de ce département n'hésite pas à lui allouer chaque année, sur les centimes facultatifs, deux et trois mille francs d'indemnité pour cet objet. Ce fait seul prouve les services que ce taupier distingué rend dans son département; et la Société ne peut que faire des vœux pour que le conseil-général du Pas-de-Calais imite celui de Seine et Oise, et engage le sieur Lecourt à venir faire ses expériences dans notre département, en votant aussi des fonds pour un objet si utile.

Elle espère au moins qu'il suffira qu'elle ait donné l'éveil sur ce point, pour que les propriétaires et les cultivateurs du canton s'empressent de remplir la souscription des vingt-cinq louis demandés par le sieur Lecourt, et que l'on puisse ainsi obtenir de lui qu'il se déplace l'année prochaine, comme il avait offert de le faire cette année.

M. Pirault-Deschaumes, avocat à Paris, et membre correspondant, a adressé à la Société un paquet d'avoine boréale, et l'instruction nécessaire pour sa culture. Cette graine a été confiée à M. Pàris, propriétaire-cultivateur à Guemps : elle était trop vieille et elle n'a donné aucun produit.

M. Mouron de Caux a présenté un mémoire sur les peupliers carrés et sur le coton indigène, dont il va avoir l'honneur de donner lecture.

Enfin, la Société, qui ne néglige aucune des parties de l'agriculture, a sollicité de M. le Sous-Préfet l'envoi d'un artiste vétérinaire qui manque jusqu'à présent dans le canton de Calais ; et elle saisit l'heureuse occasion qui se présente à elle de lui en renouveler ici la demande par mon organe, bien convaincu qu'il s'empressera d'y satisfaire, si cela lui est possible.

Tels sont, Messieurs, les travaux concernant l'agriculture, dont la Société s'est occupée pendant l'année.

SECONDE PARTIE.

Commerce.

Ce n'était pas assez d'avoir fait construire le bateau de sauvetage, il fallait encore le mettre à l'abri des injures de l'air, et lui trouver un emplacement à proximité de la côte, de manière qu'il pût être jeté facilement et promptement à l'eau, au moment du danger.

La Société a dû se mettre, pour cet objet, en rapport avec S. Exc. le Ministre de la guerre, et avec les officiers supérieurs et locaux du génie militaire. L'on aurait peine à croire toutes les démarches que la Société a dû faire pour obtenir un local et la permission d'y établir un abri, malgré qu'elle ait été secondée par le zèle et la bonne volonté de M. le commandant du génie, Valentin, et de MM. les officiers sous ses ordres ; enfin, elle a lieu d'espérer qu'elle obtiendra prochainement l'autorisation nécessaire pour mettre ce bateau précieux à couvert des pluies et des frimats de l'hiver qui s'approche.

Un autre objet d'utilité publique, dont la Société ne s'est pas moins occupée que du bateau de sauvetage, est le projet de communication du canal avec le port. La Société a proportionné ses soins et ses efforts pour la réussite de ce projet aux avantages immenses que le commerce de Calais doit en retirer.

Déjà elle avait pu annoncer, l'année dernière, que le travail était renvoyé à l'examen de l'autorité locale, et faire espérer que ce grand point d'amélioration serait obtenu prochainement par ses efforts et le concours des autorités, dont elle n'a pas cessé de proclamer les excellentes intentions. Cependant, malgré leur bonne volonté et les nouvelles démarches de la Société, rien n'est encore terminé. Espérons que nous serons plus heureux l'année prochaine, et que la Société pourra vous entretenir, dans sa séance publique de 1822, du succès de ses démarches et du commencement des travaux de cette grande et utile entreprise.

M. Jacques, président de la Société, a fait imprimer un mémoire sur le budget de la marine.

Il s'est occupé aussi dans un autre mémoire, dont il a fait hommage à la Société, de la baratterie de patron, si nuisible au commerce maritime, et des moyens de la réprimer, et il a jeté un grand jour sur cette partie de la jurisprudence commerciale et maritime.

Un ouvrage qui n'est point étranger non plus au commerce maritime, puisqu'il tend à conserver la vie aux marins naufragés, est un mémoire que M. Arnault, médecin et membre résident de la Société, lui a présenté sur la nécessité de se procurer à Calais des boîtes pour les naufragés et les noyés.

TROISIÈME PARTIE.

Les Arts.

M. Derheims, membre résident de la Société, a inventé et fait confectionner un bateau, qu'il fait marcher à l'aide d'une mécanique.

Ce bateau est long de 11 pieds 8 pouces, et il a

4 pieds de largeur, y compris ses tambours. Sa profondeur est d'un pied 8 pouces, et son fond presque plat et sans quille.

Il est traversé, à peu près aux deux tiers de sa longueur, par un arbre en fer courbé dans le centre, afin d'y placer une manivelle qui se retire à volonté. A chaque extrémité de cet arbre est placé une roue en bois serrée à vis : ces roues ont un pied 11 lignes de diamètre, y compris 8 palettes en fer battu, de 4 pouces de hauteur sur 8 de largeur ; elles sont recouvertes par deux tambours en bois qui empèchent l'eau que soulèvent les palettes, d'entrer dans le bateau.

Ce bateau étant chargé de trois personnes, ne tire que neuf pouces d'eau : une seule personne peut le gouverner et le faire manœuvrer en même temps. L'on y applique, si l'on veut, une seconde manivelle, et alors deux personnes peuvent être employées à la manœuvre.

Ce bateau a des avantages incontestables sur les bateaux à rames de mêmes dimensions.

1°. Il marche plus vite et avec moins de bras ;

2°. Le travail de la manœuvre est plus de moitié moindre ;

3°. En présentant moins de surface au vent que les bateaux à rames, il va plus vite qu'eux contre vent et marée ;

4°. Il peut naviguer dans des endroits très-étroits ;

5°. Il peut aborder des bâtimens sans cesser de marcher.

6°. Son soufflage étant garni en liège, il peut naviguer quoique rempli d'eau, et il est moins exposé à chavirer, les tambours lui servant de balanciers.

Le mécanisme employé pour ce bateau peut être adopté aux bateaux lamaneurs, et y être établi de manière à placer autant de manivelles qu'il y aura d'hommes à bord. Ces manivelles peuvent toujours se démonter, ce qui peut dimimuer considérablement l'encombrement du bateau, et laisser aux passagers beaucoup plus de place que dans les bateaux lamaneurs à rames.

La Société a le droit de compter au nombre de ses travaux les ouvrages de littérature composés par ses membres.

Elle mettra au premier rang une traduction en vers de l'art d'aimer d'Ovide, par M. Pirault Deschaumes, et les Amours des Plantes, poëme du même auteur, qui en a fait hommage à la Société.

M. Burgaud, vice-président de la Société, a composé un discours de plus de mille vers sur les avantages, l'excellence et les charmes des sociétés philantropiques. Ce discours a été couronné par le jury littéraire d'une société philantropique, établie à Ostende. C'est la troisième médaille qui a été décernée à ce littérateur estimable par des sociétés savantes.

Les mémoires nombreux et intéressans de M. le président Jacques sur la pêche du hareng, sur le budget de la marine et sur la baratterie de patron, sont encore des morceaux littéraires qui ornent avantageusement les archives de la Société. J'y joindrai son Discours sur l'histoire, dont vous venez d'entendre la lecture; le mémoire de M. François Lefebve sur la racine d'abondance; celui de M. Arnault sur les boîtes fumigatoires et son mémoire sur l'hygiène; celui de M. Mouron de Caux sur les peupliers carrés; les vers de M. Spiers sur le naufrage de Gavet et de Mareschal, que vous avez entendus à la dernière séance publique; une foule d'autres mémoires composés par les membres de cette Société, depuis sa réorganisation; les jolis vers de M. Hédouin sur sa maison des champs, son éloge de Monsigny, et beaucoup d'autres productions estimables du même auteur; enfin, le mémoire de M. Duval, qui a remporté le prix, et dont vous allez entendre la lecture.

Une telle réunion de morceaux de littérature et de poésie prouvera mieux que tout ce que je pourrais dire, que les travaux littéraires ne sont pas étrangers à la Société, et qu'elle réunit dans son sein la théorie des arts et des sciences à leur pratique.

La Société a distribué à ses membres les différentes parties du travail demandé par la Société centrale d'Arras sur la statistique, et chacun d'eux s'occupe, dans le silence du cabinet, à traiter avec soin la partie qui lui a été confiée.

La Société, convaincue que le bonheur public résulte de l'instruction et s'accroît avec elle, avait formé des vœux depuis long-temps pour l'établissement d'une école d'enseignement mutuel. L'administration avait fait espérer l'année dernière qu'elle ferait devancer ce bienfait pour la ville de Calais par l'établissement d'un collège, si vivement désiré par tous les pères de famille. Il nous suffira de rappeler ici ces deux objets à l'attention de M. le Sous-Préfet et de M. le Maire, pour exciter toute leur sollicitude.

Après vous avoir entretenu, Messieurs, des travaux de la Société, de ses succès et de ses espérances dans les trois branches de l'économie politique dont elle s'occupe, je terminerai cette faible esquisse par l'analyse de ses travaux intérieurs et de discipline.

La Société s'est enrichie, depuis sa dernière séance, de plusieurs membres, tant résidans que correspondans, parmi lesquels on distingue :

M. Pirault-Deschaumes, avocat à Paris ;

M. Bouilly, homme de lettres à Paris ;

M. le baron d'Ordre, propriétaire à Boulogne ;

M. Gaillon, membre correspondant de l'Académie des Sciences de Rouen, à Dieppe ;

Et M. Hénissart, ancien secrétaire-général du département de la Lys, à Bruges, résidant à Versailles.

Elle a reçu de la part du gouvernement plusieurs ouvrages d'économie rurale, et entr'autres plusieurs livraisons de la collection des machines et instrumens employés dans l'économie rurale.

Enfin, elle a établi le concours pour les prix qu'elle avait proposés, et dont la distribution sera faite dans cette séance.

Il ne me restera rien à désirer, Messieurs, si je suis parvenu à vous rendre un compte fidèle des travaux de la Société, et à vous convaincre de leur utilité. Espérons que ces travaux prendront sans cesse de nouveaux accroissemens à l'ombre de la paix et sous l'appui du gouvernement légitime des Bourbons, qui protège si éminemment tout ce qui est bon et utile.

M. Burgaud, vice-président, lit un fragment de son Discours en vers couronné à Ostende. Ce fragment, qu'on pourrait intituler le Poëme de l'amitié, a fait le plus grand plaisir.

M. Mouron de Caux, ancien administrateur général des hôpitaux militaires, chevalier de la légion d'honneur, lit ensuite son mémoire sur les peupliers carrés, dont voici le texte :

Notice sur le peuplier carré.

Il y a environ quarante ans que le peuplier de la Caroline, vulgairement connu sous le nom de peuplier carré, est cultivé dans les environs de Calais, où il s'est facilement acclimaté et a multiplié à l'infini. (*)

L'ardente végétation de cet arbre, dans un terrain qui lui convient, offre une jouissance plus prompte que celle de toute autre espèce. On peut, dans 5 ou 6 ans, se créer de belles avenues, telles qu'on ne les obtiendrait pas d'autres arbres en vingt ans.

Ce peuplier pousse sa tige très-droite ; ses feuilles

(*) Les premiers peupliers carrés, qui ont été cultivés à Calais, ont été envoyés de Fontainebleau à M. L. D. Mouron par M. De la Renommière, capitaine au régiment de Lyonnais, et officier des chasses de la Capitainerie de Fontainebleau, en 1778.

sont larges comme la main ; son sommet forme une magnifique couronne qui charme le coup-d'œil.

Cet arbre se plaît, pour ainsi dire, dans tous les terrains, même dans les sables blancs au bord de la mer ; mais il n'y croît pas avec toute son effervescence ; il préfère une terre noire, légère et un peu humide, où il puisse facilement étendre ses racines. Il y pousse alors avec une telle vigueur, qu'on peut espérer, en l'ébranchant tous les trois ans, d'obtenir des branches ou touses de 18 à 20 pieds de longueur, sur 12 à 15 pouces de circonférence.

Le peuplier carré se plante avec racines ou par bouture ; il convient de le planter avec racines au mois de novembre, et par touse ou bouture au mois de mars.

D'après les diverses expériences que j'ai faites ou vu faire, j'estime qu'il est préférable de planter le peuplier par bouture, au mois de mars. Si l'on veut en jouir promptement, il faut faire choix des plus belles branches de trois ans, provenant d'arbres vigoureux qui produisent des boutures ou touses de 18 à 20 pieds de longueur ; ne les faire couper des arbres à étêter qu'au mois de mars, tailler le pied en sifflet, le placer de suite dans l'eau à la profondeur de 18 pouces, et l'y laisser quelques jours avant de le planter. Plus les boutures ou touses seront grosses, et l'écorce bien luisante, plus vite elles profiteront.

Avant de planter le peuplier carré, soit avec racines, soit par bouture, il faut faire une fosse d'un pied carré sur 18 pouces de profondeur ; débarrasser le terrain de toutes racines d'herbes quelconques, la rendre souple et propre à laisser étendre les premières racines, qui pousseront avec vigueur dès la premiere année : ce sera de ces premières racines que dépendra la forte végétation de l'arbre. Si elles ne sont pas gênées et qu'elles puissent s'étendre sans être obstruées, elles produiront une sève étonnante qui fera croître et grossir l'arbre presque à vue d'œil.

Si l'on destine le peuplier pour le cultiver en futaie, il faut que la bouture ou touse soit plantée avec sa tête, on doit même le faire également pour ceux à étèter, qui sont exposés aux vents, le long des chemins, des prairies ou des pâtures.

Dès la seconde année, cette tête s'élargira de manière à faire craindre que le premier coup de vent ne déracine l'arbre ; pour éviter cet accident, il faut la couper au mois de mars de la seconde année de sa plantation, et faire ensorte qu'elle soit taillée à la hauteur des dernières branches du côté du tronc, pour que la sève qui pousse entre l'écorce et le bois, trouve plus d'aisance à pousser les nouveaux bourgeons par les endroits taillés, qu'elle n'en trouverait à percer l'écorce, qui s'endurcit chaque année. De cette manière, l'arbre aura le temps de s'accrocher par ses racines, et n'aura plus à craindre d'être ébranlé par le vent.

Partout où il y a des bestiaux, il est nécessaire que les peupliers soient fortement armés d'épines les deux premières années de leur plantation, pour les garantir du frottement et particulièrement de leurs dents.

Pour former d'un peuplier étêté un arbre à haute tige, il faut laisser subsister la branche la plus droite de la pousse de trois ans, qui aura alors 15 à 18 pieds de hauteur, et abattre toutes les autres branches près du tronc. Il poussera la même année plusieurs rejetons à l'endroit des branches coupées; il faut les élaguer une ou deux fois en pleine sève: elles ne repousseront plus. Au bout de deux ou trois ans, toutes les entaillures se recouvriront d'écorce, et l'effervescence de la végétation se portera en entier sur la branche montante.

J'ai planté, il y a 21 à 22 ans, d'après cette méthode, des peupliers carrés; ils ont aujourd'hui plus de 50 pieds de hauteur, et 6 à 7 pieds de circonférence.

Cet arbre se plante également en pépinière, et réussit très-bien dans un terrain préparé et purgé de toutes herbes et racines quelconques. Il faut, à cet effet, choisir les branches les plus droites de la pousse de l'année, de la grosseur du doigt, les planter au mois de mars, à 8 ou 9 pouces en terre, à la distance de 18 pouces les unes des autres; il faut les rebraquer la première année, pour empêcher les mauvaises herbes de dévorer leur nourriture.

En soignant ce plant, l'on est certain d'avoir, dans l'espace de trois ans, des arbres à racines, de 15 à 20 pieds de hauteur, mais que je n'estime pas meilleurs à replanter, que les boutures ou touses de trois ans provenant des arbres étêtés.

Il y a d'ailleurs un grand inconvénient à planter

du petit bois. Le peuplier est une nourriture très-friande pour un gros ver blanc, qui devient hanneton. Ce ver s'introduit dans l'intérieur du bois, le perfore jusqu'au cœur, le ronge, s'y forme des cellules, et ne lui laisse que l'écorce. Pour peu que la tête de l'arbre se trouve alors surchargée de feuilles, il casse net au premier coup de vent. C'est ordinairement le pied des jeunes arbres que ce ver ronge de préférence. Il s'introduit également dans les boutures ou touses de trois ans ; mais comme elles sont fortes par le pied, elles résistent mieux à la voracité du ver. Le plus grand mal qu'il leur fasse, c'est de percer le bois et d'y laisser ses traces ; mais il ne gêne en rien la végétation, attendu que la sève communique par l'écorce à toutes les parties de l'arbre.

Pour conserver un jeune peuplier attaqué du ver, (ce qu'il est facile de connaître par les sciures et la poussière jaune qui se trouvent autour du pied) il faut recouvrir de terre l'endroit percé, un pouce ou deux au-dessus du niveau du terrain, et lui donner un tuteur pour le soutenir. J'ai conservé de cette manière des peupliers dont l'intérieur était entièrement rongé, et qui ne se soutenaient que par l'écorce.

Pour se procurer de belles boutures ou touses propres à planter, il faut étêter les peupliers carrés; car les branches qui proviennent des élagures des arbres montans ou en futaye, ne sont pas droites et ne conviennent pas aussi bien pour les plantations.

Le peuplier étêté produit tous les trois ou quatre ans cinq à six fortes boutures ou touses de 18 à 20 pieds de longueur, non compris les élagures et autres branches qui sont propres à faire des fagots.

J'ai planté sur la huitième partie d'un arpent 1000 peupliers ; ils sont étêtés, et produisent, tous les trois ans, pour 350 francs de touses ou boutures, et en outre, 5 à 600 gros fagots.

J'ai retiré, d'un de mes fermiers, en 1791, huit arpens de mauvaises terres, situées dans le marais de St.-Folquin ; le tout était inondé tous les hivers et ne produisait rien que des joncs et de la mousse. Le fermier n'en voulait pas pour six francs de loyer par arpent. L'on n'y avait jamais vu ni arbre ni arbrisseau. Pour en tirer parti, je me suis déterminé à planter ces huit arpens, j'ai rehaussé le terrain, en faisant creuser beaucoup de fossés ; j'y ai planté différentes espèces de bois, notamment le peuplier carré. J'ai tellement réussi, que mon terrain est couvert de bois, et que tous les cultivateurs mes voisins s'empressent aujourd'hui de suivre mon exemple ; non-seulement ils plantent le long des digues et des chemins vicinaux, mais ils entourent aussi leurs pâtures et leurs prairies de saules et de peupliers carrés.

Les habitans du pays sont étonnés de voir le marais de St.-Folquin, qui se trouve encore inondé presque tous les hivers, et qui n'offre alors au coup d'œil qu'une vaste mer, se couvrir d'arbres. C'est à ces mêmes cultivateurs, qui admirent le produit de mes peupliers carrés, que je vends le produit de mes coupes régulières : je n'en ai jamais assez pour satisfaire à leurs demandes.

Le bois du peuplier carré n'est pas d'une très-grande utilité ; cependant on en fait de très-belles planches, des poutres et des ramures, qui sont d'un très-bon usage et qui résistent long-temps, si elles ne sont pas exposées à l'air ou à la pluie.

En bois à brûler, il passe plus vite que le bois dur, mais il n'en fait pas moins de bon feu : je n'en consume pas d'autres dans ma campagne ; les fagots conviennent parfaitement pour le service des fours.

Les personnes qui veulent jouir promptement d'avenues couvertes, ou avoir de bons abris autour des prairies ou des pâtures, ne peuvent pas choisir un meilleur et plus bel arbre que le peuplier carré.

Il existe une autre espèce de peuplier carré, connu sous le nom de peuplier noir de Virginie ; il est aussi bien acclimaté que le peuplier carré blanc. Il croît avec autant d'effervescence et avec la même culture, mais sa végétation est d'un mois plus tardive ; a peine voit-on paraître ses boutons à la fin du mois de mars, tandis que le peuplier blanc a déjà déployé toutes ses feuilles. On croirait d'après un retard si sensible dans sa végétation, qu'il devrait conserver ses feuilles plus long-temps ; cependant, dès les premiers jours du mois d'octobre, il commence à perdre ses feuilles, et il est entièrement dépouillé trois semaines avant le peuplier blanc, ce qui fait présumer que ce peuplier noir est originaire d'un climat très-froid.

Les fruits de ces deux peupliers sont suspendus en longues siliques aux branches les plus élevées des arbres montans ; chaque silique, longue de six pouces, est composée de trente à quarante capsules qui contiennent un coton ou duvet très-fin ; elles s'ouvrent à la chaleur vers le milieu du mois de juin.

M. Valmont de Bomare donne la manière de récolter le coton ou duvet d'un saule qui croît en Allemagne, et dont on pourrait appliquer la méthode au coton du peuplier carré.

« Voici, dit-il, la manière d'en faire la récolte :

« Dès que les premières siliques jaunissent un peu, « on coupe avez des ciseaux à tailler les haies, « l'extrémité des branches, et toutes celles qui sont « les plus chargées de capsules; on les porte dans « des chambres où on les amasse ; on retourne « pendant quelques jours ces bouts de branches, « afin que les capsules s'ouvrent d'elles-mêmes: on « a soin de chasser dans un coin de l'atelier avec « un éventail de plumes, tout le coton qui en sort. « Toute cette opération se fait avec attention et « propreté. On aurait peine à s'imaginer combien ce « duvet peut être utile ; on l'emploie dans des courte-« pointes, dans des jupons piqués et dans des « doublures; on en fait des mêches pour les bougies, « les chandelles et les lampes. On prétend qu'en le « filant et le travaillant, on peut le mêler avec le « véritable coton et en fabriquer de jolies étoffes; « Ce même coton, mêlé avec la plume de l'estomac « d'oie ou de canard, n'imite pas mal ce duvet du « nord, connu sous le nom d'Edredon. . . .

A ce mémoire était joint un échantillon du coton des peupliers carrés, pour être soumis aux observations des membres de la société.

Pendant la lecture de ce mémoire, M. Mouron a mis sous les yeux du public les objets qu'il décrivait, et l'on a admiré la beauté et la finesse du coton qu'il retire de ses peupliers.

M. Burgaud a donné lecture du discours de M. Duval, qui a obtenu le prix au concours de cette année, et dont voici le texte :

Messieurs,

Je vais avoir l'honneur de vous donner lecture d'un mémoire de M. Duval, à qui la Société a cru devoir décerner la médaille qu'elle a proposée pour l'auteur qui ferait connaître les obstacles qui s'opposent aux progrès de l'agriculture dans le canton de Calais, et les moyens d'y remédier. Ce mémoire porte pour épigraphe :

Et quand des ennemis la horde fut vaincue,
Il quitta son épée et reprit la charrue.

C'est maintenant l'auteur qui parle.

Quelque difficile à résoudre que me paraisse la question proposée, elle intéresse si éminemment nos concitoyens ; elle se rattache si intimement à leur bien-être, en multipliant les moyens d'existence, que je n'hésite point à présenter à la Société le résultat de mes observations. En découvrant le mal, je m'efforcerai d'indiquer le remède. Je donnerai à ce mémoire peu d'étendue, persuadé qu'à des personnes éclairées il suffit de faire entrevoir la vérité pour qu'elle soit saisie aussitôt qu'indiquée. Heureux, si je me rends digne de mon sujet et de mes juges! J'aurai fait le bien; et c'est la seule récompense que j'ambitionne.

Le canton de Calais est, en grande partie, occupé par des sables, des tourbières et des marais, qui en rendent le sol peu végétatif. Beaucoup de terres ensemencées y sont couvertes d'eau pendant l'hiver, et souvent durant une partie de l'automne et du printemps; et l'écoulement d'une certaine masse de ces eaux est encore subordonné aux mouvemens de la mer. La terre végétale y a peu de profondeur, encore diminue-t-elle au fur et à mesure qu'on approche davantage des côtes, dont les plages sont ouvertes à des vents violents et nuisibles au développement de la végétation. Ajoutez que l'amélioration de l'agriculture y est peu favorisée par les capitalistes et les propriétaires fonciers, qui ne s'occupent, je dirai presque exclusivement, que de spéculations commerciales. On conçoit que ces différentes causes rendent le canton de Calais le moins favorable aux progrès de l'art agricole. Malgré les désavantages de sa position géographique, on pourrait cependant tirer de notre sol un parti plus avantageux, si l'on prenait à tâche d'éloigner les obstacles qui s'opposent à une meilleure culture. La position de la partie du département du Nord, qui s'étend vers l'est, n'est pas plus heureuse; et cependant la culture semble y avoir acquis une sorte de perfection.

Parmi les obstacles qui ne tiennent ni à la topographie du pays ni à la culture du sol, il en est un qui m'a frappé, surtout parce qu'il existe généralement dans toute la France : c'est la brièveté des baux à ferme. Comment peut-on se flatter en effet qu'un fermier puisse entreprendre des travaux, faire des avances considérables, sur une terre dont il ne doit disposer que pendant la courte durée de trois, six ou neuf ans? Quel intérêt a-t-il d'améliorer un terrain qu'il occupe pour si peu de temps, lorsqu'il a la certitude que le produit ne le récompensera pas de ses peines et ne le remboursera pas de ses frais ; aussi cherche-t-il à tirer, en l'épuisant, le parti le plus avantageux du sol qui lui est confié. C'est pourquoi nous voyons un grand nombre de fermiers ensemencer, hors de toute proportion raisonnable de leur exploitation, une trop grande partie de leurs terres en lin et colzat de mars. Au lieu de tenir ces terres, à droite sole, comme ils en ont contracté l'obligation par leurs baux, en laissant reposer une année sur trois, les parties qui leur ont fourni deux récoltes, ils les ensemencent encore, ou les louent à de petits particuliers pour y planter des pommes de terre ; et par ces procédés désastreux, ils se privent des fumiers que leur procureraient les dessolis en treffle, dont l'excellent fourage permettrait d'augmenter le nombre de leurs bestiaux, et procurerait à la terre des engrais qui l'amélioreraient graduellement. A la vérité, toutes les terres ne sont pas susceptibles d'être dessolées en treffle ; il s'en trouve qui, sans être submergées durant l'hiver, conservent néanmoins un trop grand degré d'humidité pour que ce fourrage puisse y supporter les rigueurs de cette saison ; mais, dans ce cas, le propriétaire doit exiger qu'elles soient jacherées et fumées convenablement. Il résulte de l'abus que je viens de signaler, que, peu d'années suffisant pour absorber tout l'*humus*, le fermier ne retire plus de produits d'une terre qu'il a épuisée, et que par une conséquence nécessaire, il se ruine en diminuant la fortune du propriétaire. La terre ne peut être bien cultivée qu'autant que le fermier jouit d'une espèce d'aisance, et souvent le prix des baux est excessif; ajoutez-y la rigueur avec laquelle certains propriétaires exigent l'exécution de leurs stipulations, ce qui souvent oblige le tenancier, pour y satisfaire, à vendre ses denrées à vil prix. Ce serait donc un avantage réel et généralement senti, si les baux à ferme avaient une plus longue durée. Le fermier soignerait alors une terre dont les produits lui seraient assurés ; il n'épargnerait pas, il ne regretterait pas des avances dont les intérêts doubleraient sa fortune. Je desirerais encore que le propriétaire voulût parfois prêter des fonds à son fermier, pour le mettre à même de cultiver ses terres d'une manière plus avantageuse. En se prêtant mutuellement des secours, ils s'enrichiraient mutuellement. Aussi voit-on les propriétaires riches et la culture florissante dans les pays où cet échange de secours a lieu.

Un autre obstacle, qui ne m'a pas moins frappé, c'est la destination mal conçue, ou le mauvais assolement donné à certaines portions de notre sol, en convertissant en terres à labour celles qui produiraient d'excellents pâturages. Si l'on parvenait à fixer les vues et les spéculations des cultivateurs sur une branche qui, pour eux, serait beaucoup plus lucrative, celle d'engraisser des bestiaux, peu de pays présenteraient autant de facilités et d'avantages pour atteindre au but. Les terres basses que l'on défriche ne produisent qu'une bien précaire et bien chétive récolte, qui, presque toujours, exige les frais onéreux de deux cultures, tandis que le pâturage demande peu de travail, peu de soins et infiniment moins de dépenses; il est cependant d'un produit incomparablement plus avantageux, et par le foin qu'on en retire, et par la nourriture abondante qu'il procure aux bestiaux. Il suffirait, comme on le pratique en Flandres, d'entourer ces portions de terrains de fossés convenables; de les enclore de plantations, afin de garantir et les herbages et les bestiaux de l'inclémence des saisons. Il faudrait encore faire, en été, usage d'irrigations, et engraisser ces prairies de temps à autre avec des fumiers provenant des immondices de la ville (1), ce qui n'occasionnerait point au fermier des déboursés considérables. La Société a tellement senti l'importance de ces engrais, qu'elle a décerné une médaille à celui des

(1) A tort quelques cultivateurs prétendent-ils que les fumiers de ville ne bonifient pas les terres légères, parce que, disent-ils, ils contiennent beaucoup de sable; ils conviennent mieux sans doute au terrain dur et compacte qu'ils ameublissent en le divisant; mais il ne s'ensuit pas de là qu'ils ne soient pas d'excellents engrais pour les terrains sableux, puisqu'ils se composent de substances animales, végétales et minérales,

cultivateurs du canton qui en aurait employé une plus grande quantité, provenant des immondices de la ville. Cet encouragement est déjà sans doute un pas fait vers un meilleur ordre de choses ; mais il me semble qu'on en ferait un de plus, si l'on pouvait arrêter l'émigration de ces engrais; si l'on pouvait en gêner l'exportation dans d'autres cantons qui, après nous les avoir enlevés pour fertiliser leurs terres, nous en vendent ensuite chèrement les productions. C'est à Bergues et dans les environs, que nos bouchers s'approvisionnent ; et ce sont ces cantons qui enlèvent presque tous les fumiers provenant des immondices de la ville de Calais. Serait-il donc si difficile de faire comprendre à nos cultivateurs de quel haut intérêt il serait pour eux de fixer ce trésor dans notre canton ? On indiquerait difficilement, je pense, un moyen plus efficace d'améliorer nos terres, qui contiennent si peu de sucs végétatifs. S'il est démontré en agriculture, comme vérité mathématique, plus encore par le fait que par le raisonnement, s'il est démontré, dis-je, que les engrais sont le plus sûr moyen à employer pour fertiliser nos champs, on doit donc en faire le plus

amalgame le plus convenable pour donner des sucs végétatifs appropriés à toute espèce de sol. Les prétextes, d'ailleurs, et les sophismes ne détruisent jamais des faits. Or, il est de fait, que les sables cultivés par M. Crèvecœur, de St.-Pierre, qui n'emploie pas d'autres engrais que les boues de ville, dont il fait une grande consommation, ne le cèdent point en produits aux meilleurs terres connues dans notre canton. C'est dans les prairies surtout que cette espèce de fumiers donne les plus heureux résultats.

d'usage possible, surtout dans ces sables nouvellement délaissés par la mer, dont la plus mince récolte, en plantes légumineuses seulement, a bientôt absorbé le peu d'*humus*, le peu de sucs qu'ils renferment : il faut donc pour donner à ce terrain mobile et sans consistance, de la liaison et de la fixité ; il faut, dis-je, pour le mettre en valeur, le couvrir annuellement d'engrais réparateurs, puisque les grains, plantes ou légumes qui y croissent, absorbent par une seule récolte les sucs productifs du fumier, et que le *caput mortuum* seul, qui resterait, laisserait pour la récolte suivante ces sables dénués de toute puissance végétative. Si en affaires, en guerre, en politique, il ne faut que de l'argent pour réussir, il ne faut, en agriculture, que du fumier pour se procurer d'abondantes récoltes en tout genre. Puisqu'il est de la plus haute importance que nos agriculteurs soient convaincus de cette vérité et de tant d'autres qui ont aussi leur prix, pourquoi l'agriculture n'aurait-elle pas ses propagateurs, ses maîtres et ses disciples ? Pourquoi la Société n'enverrait-elle pas dans les campagnes, quelques-uns de ses membres pour propager ces utiles vérités, et retirer le cultivateur des ornières de la routine, dans laquelle, à son grand désavantage, il croupit depuis si long-temps. Ces missionnaires agricoles ne seraient pas ceux qui produiraient le moins de bien; à coup sûr, ils en vaudraient bien d'autres....

Un troisième obstacle à faire connaître, c'est le peu de soin que mettent les fermiers aux curemens des fossés d'écoulement, si nécessaires sur un terrain qui n'a presque pas d'inclinaison. Si l'administration des wattringues, dont les précieux travaux ont déjà tant contribué à l'amélioration de notre sol, parvenait à convaincre le cultivateur du mal que lui fait son insouciance à cet égard ; si le propriétaire lui-même surveillait davantage ses intérêts, on pourrait faire disparaître cet abus, en exigeant, sous ce rapport, l'exécution rigoureuse des clauses du bail, puisque les baux contiennent ordinairement la condition obligatoire de faire et d'entretenir tous les fossés nécessaires à l'écoulement des eaux. Enfin, si ces fossés étaient soigneusement entretenus, on n'aurait plus la douleur de voir l'habitant de la campagne obligé de donner, en mars, une nouvelle culture, de confier une nouvelle semence à des terres ensemencées l'hiver, parce que les eaux y ont séjourné trop long-temps ; et certes, les frais que nécessite cette nouvelle opération, excèdent de beaucoup ceux qu'aurait pu occasionner l'entretien des fossés, quelque larges et quelque profonds qu'ils soient.

Je vois encore un autre obstacle à l'amélioration de la culture, dans la négligence ou le peu de moyens qu'ont les cultivateurs de se procurer des graines pour le renouvellement de leurs semences. Il en est peu qui ne sentent les avantages et la nécessité de cette mesure, et cependant ils la négligent : peu renouvellent leurs semences, celle du lin surtout que l'on cultive avec tant d'avantage dans ce canton. Cette denrée procure de l'aisance à la population qui nous entoure, en fournissant un travail lucratif aux bras le plus habituellement inoccupés. Que nos spéculations se dirigent sur l'importation de cette graine des contrées du nord ; que les graines de Riga viennent donc annuellement enrichir nos terres. C'est aux propriétaires-négociants qu'appartient cette double spéculation de commerce et d'économie rurale. Nous les inviterons à suivre l'exemple que vient de leur donner M. Delaunay, qui, dans ce moment même, se trouve à Riga, pour nous ouvrir cette nouvelle source de prospérité agricole.

Mais l'objet sur lequel je ne croirai jamais pouvoir trop fixer l'attention des colons, c'est celui de creuser sur les terrains bas, et en différentes directions, des fossés assez profonds, assez larges, non-seulement pour l'écoulement des eaux, mais encore pour en recevoir la trop grande abondance, afin d'éviter l'inconvénient grave du long séjour de ces eaux sur les terres ensemencées. Il ne suffit pas cependant d'assainir ces terrains; il faut encore leur procurer de l'abri par des plantations de bois tendres, qui les garantissent de la violence des vents et des froids prolongés du printemps. En l'enrichissant de plants, vous donnez une valeur de plus à votre terre. (1)

(1) Je répéterai donc avec un de mes estimables collègues :

Grâces au possesseur dont la main opulente,
D'un plant jeune enrichit une terre indigente,
Dont il revêt ainsi la triste nudité!
Il étend ses bienfaits sur la postérité.

M. Burgaud, auteur du poëme intitulé : *l'Agriculture à perfectionner dans le Calaisis*.

On ne saurait trop multiplier les plantations. Les peupliers de Virginie, arbres exotiques, connus sous la dénomination de peupliers carrés noirs et de peupliers carrés blancs et le baumier de Tamacaha, s'accommodent parfaitement des sables humides ; ils y viennent beaucoup mieux que dans les terres fortes et argilleuses, où leur touse périt par la tête, lorsqu'ils y sont plantés à plus de dix-huit pouces de profondeur, ce qui n'a pas lieu dans les sables, où sans inconvénient, ils peuvent être enfoncés jusqu'à six pieds en terre. Pourvu que la tête de l'arbre dépasse de deux pieds la superficie du sol, la végétation ne manquera pas d'y être vigoureuse. La sève d'une année y donne communément des jets de huit à dix pieds, fait, dont je me suis assuré dans les sables mis en culture par M. Mouron-Audibert. C'est en général l'espèce de plante qui réussit le mieux dans le canton de Calais.

J'ai encore à vous signaler un autre obstacle qui provient surtout d'un vice d'administration rurale : c'est la dégénération de l'espèce bovine. Rien ne commande le croisement des races ; et ce croisement des races serait encore loin de procurer les effets qu'on doit en attendre, s'il n'était pas dirigé prudemment : il faut surtout que l'accouplement ait lieu en temps convenable. Une génisse ne doit être présentée au taureau pour être fécondée, que quand elle a de deux ans et demie à trois ans, et le taureau lui-même doit avoir vu trois printemps au moins. Des êtres faibles, des adolescents qui n'ont point encore reçu de la nature les développemens et les forces nécessaires, peuvent-ils produire des sujets vigoureux? C'est cependant ce qui se voit journellement. Les génisses ont à peine atteint l'âge de douze à quinze mois, qu'elles sont présentées à de faibles taureaux, souvent moins âgés qu'elles. Si l'on ne remédie pas promptement à ce désordre, je ne crains pas de le dire; incessamment nous verrons la race bovine tomber dans le dernier degré d'abâtardissement. Généralement, nos cultivateurs ne gardent que deux ou trois ans au plus les taureaux qu'ils destinent, durant ce temps, au service de leurs vaches: après quoi ils les vendent, parce que selon eux, la garde en devient et trop difficile et trop dispendieuse. Le moyen de remédier à ce mal serait de conserver des taureaux d'âge compétent, jugés propres à la propagation de l'espèce, parmi ceux qui auraient été distingués, soit au concours de la Société, soit à un jury composé d'agronomes recommandables par le zèle, les connaissances et l'impartialité. On devrait, dans ce cas, obliger les habitants du canton à se servir exclusivement de ces taureaux pour leurs vaches, moyennant une légère rétribution, fixée par MM. les Préfets ou Sous-Préfets. Il est dans l'ordre social des mesures d'utilité publique, qu'il faut ordonner, quand la persuasion n'est pas assez puissante pour commander. Mais comme il est à présumer que l'autorité ne peut pas s'occuper aussi promptement de cet objet, qu'il est ardemment désiré par les amis du bien, il serait digne de la Société et du but qu'elle s'est proposé, d'opérer dans le canton la très-prochaine régénération de l'une des sources principales de la prospérité agricole. Une médaille de récompense, ou l'équivalent en espèces, au choix du cultivateur qui aurait conservé le meilleur taureau de l'âge de quatre ans, engagerait probablement plusieurs d'entr'eux à y concourir, puisque la Société emploierait les deux grands leviers qui font mouvoir l'espèce humaine : l'intérêt et la gloire.

Ce que je viens de dire sur la race bovine, peut, en partie du moins, s'appliquer à celle des chevaux. Quoique l'administration ait déjà beaucoup fait pour l'amélioration de cette race, il lui reste encore beaucoup à faire pour parvenir au dégré de perfection désiré. Il existait autrefois un réglement aussi sage que salutaire, qui consistait à exiger du fermier qu'il ne pût présenter ses jumens qu'à l'étalon désigné par un artiste vétérinaire. Ce délégué de l'autorité était chargé de vérifier l'âge, de s'assurer des qualités des étalons et des juments ; il avait le droit d'interdire le service à ceux et à celles qu'il ne jugeait pas propres à la propagation de l'espèce. Pourquoi ne remettrait-on pas ce sage réglement en vigueur ? En général, on écrase de travail ces précieux animaux, qui n'en sont pas moins le nerf de l'agriculture, du commerce et des arts mécaniques, et on les nourrit peu. A peine ont-ils atteint l'âge de dix-huit mois, qu'on les attache au char et qu'on leur fait supporter les continuels et lourds travaux de la campagne ; qu'on les surcharge de tout le poids de l'agriculture. Si le cultivateur ménageait ses élèves durant trois ans, s'il se procurait de vigoureux étalons de la Normandie; la race des chevaux du pays deviendrait riche en peu de temps. Quelle est désastreuse l'avidité de jouir prématurément! Quand on veut se nourrir d'un bon fruit, il faut attendre qu'il soit mûr. Habitans de la campagne, devenez donc humains et prudens; ne donnez donc plus au cheval, cet ami, ce bienfaiteur des hommes, un travail qui excède son âge et ses forces; repoussez surtout loin de vos foyers ce domestique cruel qui déchire à coups de fouet un docile animal que vous devez lui préférer. Je désirerais qu'il y eût des peines infligées pour l'ingratitude et la cruauté de ces ineptes bourreaux.

Un des plus grands bienfaits que recevrait l'agriculture, serait le séjour des grands propriétaires dans leurs domaines. S'ils se fixaient sur leurs terres, qu'ils feraient valoir, que d'avantages et que d'améliorations pour l'art agricole! Il ne faut, pour s'en convaincre, que jeter les yeux sur les pays où l'on s'honore de la profession d'agronome. L'exemple seul peut répandre les lumières et déraciner les préjugés; et c'est aux zélateurs de la bonne culture, qu'il appartiendra de rendre à l'humanité cet éminent service. Raisonnant mieux cet art, eux seuls peuvent faire d'utiles essais. On est convaincu de suite de cette vérité, quand, avec des terres cultivées par un fermier, on compare des domaines occupés par le propriétaire. Quelle langueur, quel abandon, je dirai presque quelle stérilité d'un côté! de l'autre quelle vigueur, quelle activité, quelle force, quelle abondance! il en est peu parmi vous, Messieurs, qui dans ces promenades, que vous savez toujours utiliser par de judicieuses observations, n'aient remarqué combien l'emporte éminemment, sur tout ce qui l'entoure, la ferme appartenant à Mad. veuve Meurice, et tenue par elle. Quelle force de végétation dans les terres et dans les pâtures! Quelle abondance miraculeuse dans les récoltes! Dans les bestiaux, que de sujets riches en formes, en vigueur, en produit! Que ne m'est-il permis de jeter un regard dans la tombe! Je rendrais à la mémoire de M. Meurice, auteur de ce phénomène agricole, de publiques actions de grâces pour un si grand bienfait. Ils sont rares ces hommes qui, ne devant leur fortune qu'à leur active intelligence, après avoir enrichi leur famille, laissent encore à la postérité d'ineffaçables traces de leur industrie et de leur bienfaisance!

J'ai remarqué que dans son domaine, qu'il exploite, M. Lefebve-Delameilleraye montre autant de zèle que d'intelligence. La petite propriété de M. Prenpain, dans les communes de Marck; dont le terrain n'est qu'un sable pur, grâce aux connaissances peu communes et à l'active industrie de son beau-frère Valentin, offre, par sa culture soignée, des résultats et des produits qu'il n'était pas permis d'espérer. C'est chez lui que le maïs de Pensylvanie, envoyé par le gouvernement à la Société, a végété le plus vigoureusement : c'est dans ce sable pur que, par une méthode inusitée, il s'est procuré en seigle, la récolte la plus abondante qu'on ait encore vue dans tout le canton. Son procédé est simple : il sait que les deux grands principes de la végétation sont la chaleur et l'humidité. Pour se les procurer dans des sables secs et froids, il donne d'abord à sa terre une demi-amende de fumier bien pourri, qu'il enfouit ; il y jette ensuite sa semence, et après que son terrain a été ensemencé d'après les procédés ordinaires, il couvre son champ d'une autre demi-amende de fumier à paille longue, qui, en conservant l'humidité, défend contre les coups de vent ce terrain mobile et fugitif, auquel il donne de la fixité. Le cultivateur, dont ce procédé nouveau condamnait la routine, l'a honoré d'abord d'un coup d'œil de mépris mêlé de pitié, qu'à l'époque de la récolte, il a converti en un regard d'étonnement, d'envie et d'ébahissement.

On me demandera sans doute quel serait le moyen d'engager le propriétaire à adopter un genre de vie, qui souvent peut contrarier ses goûts. Honorons davantage la plus noble comme la plus utile des professions ; accordons des distinctions publiques, des privilèges aux propriétaires agronomes qui auront propagé les meilleures méthodes, et qui auront fait d'heureux essais dans tous les genres de productions agricoles ; établissons dans chaque département des salles où seront exposés les divers objets les plus riches provenant de l'industrie rurale, comme on en forme annuellement pour les sujets d'industrie manufacturière ; proclamons-y les noms de ceux qui se seront distingués par des découvertes et des améliorations; accordons des brevets d'invention aux artistes qui auront inventé ou perfectionné des instrumens aratoires ; accordons également des primes, une diminution d'impôts, des titres même honorifiques, aux propriétaires qui, se fixant à la campagne, exploiteront eux-mêmes leur domaine. Mais toutes ces mesures appartiennent plus à une bonne administration rurale qu'aux vœux, aussitôt oubliés que formés, de quelques citoyens obscurs, qui cependant ne respirent que le bien-être de leurs semblables.

Si l'agriculture est un art, elle doit avoir ses principes, sa théorie et sa pratique. Où sont donc les établissemens publics où l'on parle de l'art agricole, où l'on en discuste les préceptes et les méthodes? Je n'en vois aucun ; et j'en vois de dispendieux, où l'on enseigne des arts frivoles, et qui souvent dépravent nos mœurs! Je n'envois aucun où l'on instruise dans l'art de nourrir les hommes, et j'en vois beaucoup construits à grands frais, où l'on montre la manière la plus prompte, la plus sûre et la plus facile de les détruire! Je crains bien qu'un jour nos descendans, en admirant toutes nos riches et brillantes institutions, ne soient tentés de faire la critique de leurs fastueux et inconséquens aïeux.

Depuis long-temps un projet d'agriculture pratique avait été communiqué au gouvernement par un citoyen de Calais. L'exécution en eût été alors aussi facile que peu dispendieuse; l'autorité avait à sa disposition des emplacemens commodes et des domaines propres à former ces établissemens ; mais des intérêts personnels, et d'une toute autre importance pour lui, occupaient le gouvernement d'alors, et le plan fut mis de côté. Il y a deux ans cependant que le comité central d'agriculture, appréciant tout ce qu'offrait d'avantageux un établissement pratique, établit des fermes expérimentales. C'était exécuter le plan présenté. J'ai vu avec peine dans le rapport du Ministre de l'intérieur, qu'il avait l'intention de ne plus poursuivre l'exécution de ce projet, si déjà même il ne l'avait point abandonnée. Je regarderais l'effet de cette disposition comme bien fâcheux pour l'agriculture ; les essais répétés de ces sortes d'établissemens peuvent seuls promettre les plus heureux résultats ; et c'était l'infaillible et prompt moyen de détruire les préjugés et la force des vieilles routines, en joignant le précepte à l'exemple, la pratique à la théorie.

Sous quelque rapport qu'on envisage l'agriculture, ses progrès dépendront toujours d'une bonne législation rurale, de l'activité, de la perfection des établissemens publics destinés à l'enseignement pratique, du zèle des Sociétés pour la propagation des bonnes méthodes, et des efforts que feront les agronomes et les gens de bien pour contribuer à son accroissement et à sa splendeur.

M. Leleux, membre de la Société, a lu ensuite une nouvelle en vers de M. Pirault-Deschaumes, avocat à Paris, membre correspondant de la Société.

En peignant sous leurs véritables traits, les funestes résultats de la discorde dans les familles, l'auteur a arraché des larmes à tous les auditeurs.

M. Duval a fait le rapport sur le concours de 1821, dont la conclusion est que M Crèvecœur, cultivateur à St.-Pierre, a mérité la médaille destinée à celui qui aurait employé le plus d'engrais provenant des fumiers de la ville de Calais ; que celle accordée au cultivateur qui présenterait la plus belle génisse, au concours du jury agricole, est due à M. Lefebvre Delameilleraye ; et à Mad. veuve Meurice, celle proposée pour le propriétaire dont la jument serait jugée la plus belle et la meilleure ; enfin, M. le Président, après avoir annoncé que le mémoire de M. Duval, ayant été déclaré, par le jury, celui qui répondait de la manière la plus satisfaisante aux deux questions proposées par la Société, et qui se trouvent en tête de ce mémoire, a proclamé les noms des personnes qui ont obtenu les prix.

MM. Duval et François Lefebvre, présens à la séance, ont reçu de mains de M. le Sous-Préfet les médailles qui leur étaient destinées, et la Société a envoyé une députation à Mad. Ve. Meurice, dont le grand âge n'a pas permis qu'elle se rendît à la séance, pour lui remettre la médaille qu'elle a si honorablement méritée.

La séance a été levée ensuite aux cris de vive le Roi !

TETUT,

Secrétaire.

LISTE

DES MEMBRES COMPOSANT LA SOCIÉTÉ D'AGRICULTURE, DU COMMERCE ET DES ARTS DE CALAIS.

Membres honoraires.

MM.

Le Baron SIMÉON, préfet du Pas-de-Calais, chevalier de la Légion d'honneur.

GENGOULT-KUYL, sous-préfet de l'arrondissement de Boulogne, chevalier de la Légion d'honneur.

BÉNARD, maire de Calais, chevalier de la Légion d'honneur.

Bureau.

MM. JACQUES, président.
BURGAUD, vice-président.
TÉTUT, secrétaire.
QUILLACQ, trésorier.
SPIERS, secrétaire-adjoint.

Membres résidans.

MM.

Arnauld-Morilhen, docteur en médecine.
Baudron, pharmacien.
Burgaud, ancien receveur des domaines, fondateur.
Decroos, propriétaire.
Delaunay, négociant.
Derheims fils, courtier de navires.
Durand, mécanicien.
Duval, professeur de langues, fondateur.
Francia, peintre.
Guillebert, banquier.

MM.

Lamarle, administrateur des hôpitaux militaires, chevalier de la Légion d'honneur.

Leleux, libraire.

Legrand, professeur de navigation.

Mancel fils, négociant.

Mouron de Caux, ancien régisseur-général des hôpitaux militaires, chevalier de la Légion d'honneur.

Michaud, négociant, chevalier de la Légion d'honneur, fondateur.

Mouron-Audibert, maire de Coulogne.

Mouron-Dessin, adjoint aux commissaires des guerres.

Noël-Debette, maire de St.-Pierre-lès-Calais.

Pârenty de Buire, négociant.

Paris, cultivateur à Guemps.

Quillacq, négociant, fondateur.

Renard fils, négociant.

Rosenthel, négociant.

Spiers, courtier de navires.

Souville, docteur en médecine, chevalier de la Légion d'honneur.

Souville, capitaine de paquebot de malle, chevalier de la Légion d'honneur.

Tardu, médecin en chef de l'hôpital militaire.

Tenard, contrôleur des contributions indirectes.

Vallentin, chef de bataillon, commandant du génie militaire, chevalier des ordres de St.-Louis et de la Légion d'honneur.

Wille, membre de l'université.

Membres correspondans.

MM.

Bavelaert, propriétaire-cultivateur à St.-Folquin.

MM.

Bouffe de Créqui, docteur en médecine à Ardres.
Bajot, commissaire de la marine, rédacteur des annales maritimes.
Bernet, propriétaire à Dippendal.
Bouilly, homme de lettres, à Paris.
Codron, cultivateur à Fréthun.
Choisnard, négociant, secrétaire de la société de Dunkerque.
De Gravier, président de la même société.
Daunou, député au corps législatif.
Déclémy-Francoville, cultivateur à Marck.
De Reuder, propriétaire, maire, à Audrehen.
De Bonningue, docteur en médecine, à Guines.
Derheims, pharmacien à St.-Omer.
De Reuder, propriétaire à Héluin.
Dupin aîné, avocat à Paris.
De Libessart (le ch.), consul de France, à Riga.
D'Ordre (le baron), propriétaire à Boulogne.
Dupin, officier supérieur du génie maritime, membre de l'institut, à Paris.
D'Escalone, commissaire-général de police, à Bayonne.
Dupont fils aîné, cultivateur à Coquelles.
Ed. Ewen (le ch.), K. C. B. commodore de la flotte, à Deal.
Fourmentin de Blany, conseiller à la cour des comptes.
Francoville, ex-député au corps législatif.
Guillon, membre correspondant de l'académie des sciences de Rouen, à Dieppe.
Hédouin, avocat à Boulogne.
Hubert-Degrez, cultivateur à Oye.
Halgan, contre-amiral, député au corps législatif.

MM.

Henissart, ancien secrétaire-général de la préfecture

Jurien, conseiller d'état, intendant des armées navales.
du département de la Lys, à Versailles.

Le Hodey, homme de lettres, chef au bureau de la guerre, à Paris.

Lefebve (François), propriétaire à Coulogne.

Marescot du Thilleul, employé au ministère de la marine.

Masclet, (le ch.) consul de France, à Liverpool.

Moréal de Brévans, lieutenant de gendarmerie, à Dunkerque.

Podevin. propriétaire, maire de Pihen.

Parent-Réal, avocat au conseil d'état et à la cour de cassation.

Pigault-Lebrun, homme de lettres, à Paris.

Parent, chef de bataillon, chevalier de la Légion d'honneur, à Audruicq.

St.-Amour, juge-de-paix d'Audruicq, à Zutquerque.

Souville, ancien négociant à Paris.

Tournant, cultivateur, maire, à Sangatte.

Vaillant père, propriétaire à Boulogne.

Sociétés correspondantes

Société royale et centrale, à Paris.

Société philothecnique, au palais des Arts, à Paris.

Société royale des arts, à Arras.

Société d'agriculture de Seine-et-Oise, à Versailles.

Société d'agriculture, à Dunkerque.

Société d'agriculture, du commerce et des arts, à Boulogne.

Société d'agriculture, à St.-Omer.

www.ingramcontent.com/pod-product-compliance
Ingram Content Group UK Ltd.
Pitfield, Milton Keynes, MK11 3LW, UK
UKHW021817190726
13853UKWH00003B/1033

9 782329 596495